Couverture inférieure manquante

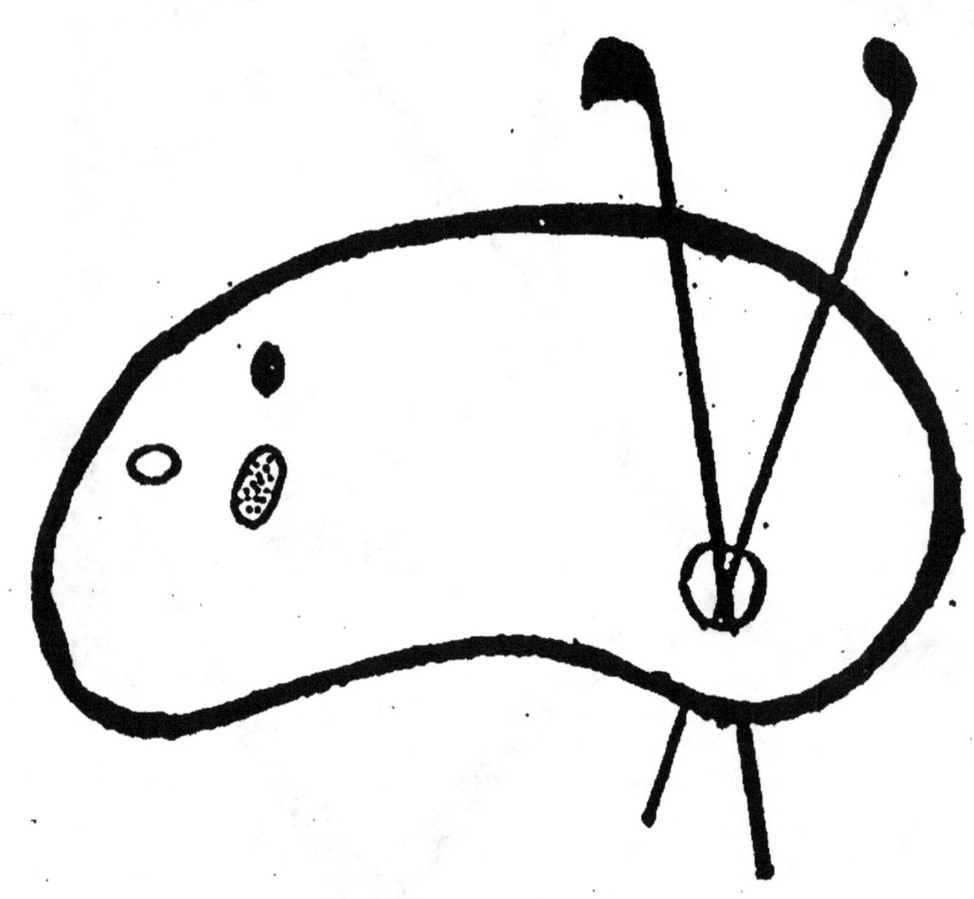

DEBUT D'UNE SERIE DE DOCUMENTS
EN COULEUR

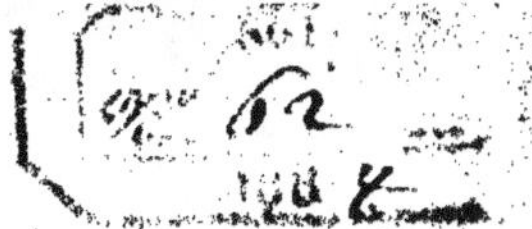

UN VOYAGE

AU

TONKIN

PAR

PAULIN VIAL

VOIRON

—

IMPRIMERIE ET LITHOGRAPHIE BARATIER ET MOLLARET

1887.

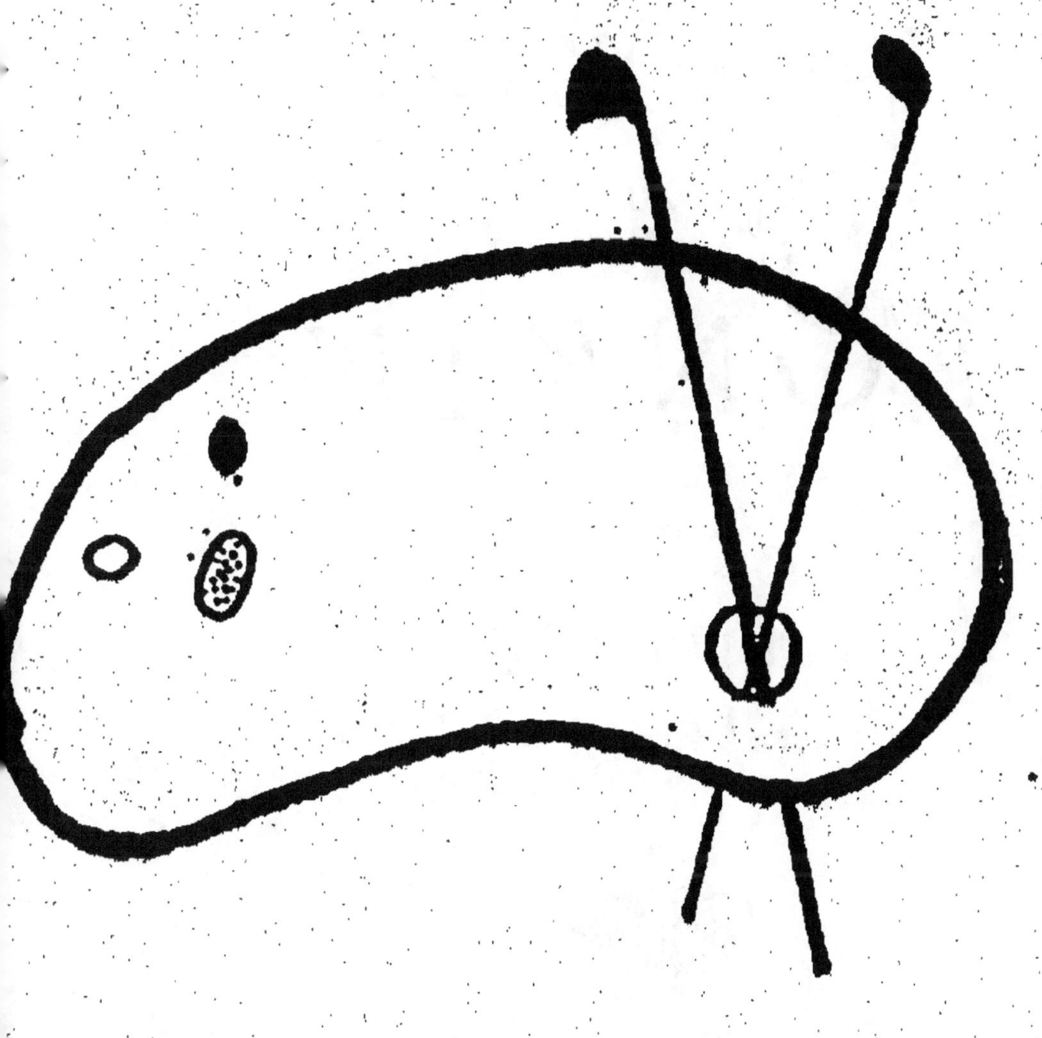
FIN D'UNE SERIE DE DOCUMENTS
EN COULEUR

UN VOYAGE

AU

TONKIN

PAR

PAULIN VIAL

VOIRON

—

IMPRIMERIE ET LITHOGRAPHIE BARATIER ET MOLLARET

1887.

UN VOYAGE

AU TONKIN

En revenant du Tonkin, où j'ai séjourné une année, il me reste un devoir à remplir.

Je veux faire connaître mes impressions sur le pays et donner des renseignements que je crois utiles à tous ceux qui sont appelés à y vivre, aux gouvernants connus, aux administrés.

Un homme éminent avait reçu la mission de faire prévaloir sur ces plages lointaines les institutions sages et libérales qui avaient assuré le maintien de notre domination en Cochinchine. Une mort prématurée est venue nous l'enlever, mais avec lui n'ont pas disparu les principes salutaires sur lesquels reposaient nos espérances.

Il faut aux habitants de nos possessions nouvelles

une législation, un ensemble de règlements qui soient conformes à leurs besoins, à leurs usages et à leurs aspirations. Nous avons la prétention d'assurer leur prospérité, nous sommes tenus de bien les connaître, de savoir ce qu'ils sont et ce qu'ils veulent réellement afin de ne pas les livrer à quelques vaines spéculations, à des utopies dangereuses ou aux lenteurs désolantes de notre routine administrative.

Une longue expérience nous a montré quel était le régime qui convenait aux Annamites. — On s'en est écarté trop souvent.

Je tiens à rappeler les règles que nous devons suivre pour acquérir les sympathies de la population et la faire concourir franchement à l'œuvre d'apaisement et de civilisation que nous avons entreprise.

Avec l'aide des Annamites nous pouvons rapidement, en deux années au plus, nous constituer des ressources süffisantes pour faire face à toutes nos dépenses, nous pouvons aussi asseoir notre domination sur des bases inébranlables dans toute l'Indo-Chine.

Mais si nous ne savons pas obtenir la confiance des indigènes, si nous ne leur accordons pas la protection à laquelle ils ont droit, l'Indo-Chine restera un gouffre toujours ouvert, où nous engloutirons sans résultats utiles nos hommes et nos millions.

C'est ma conviction profonde, basée sur une longue observation des choses du pays. Les honnêtes gens comprendront que je n'aie pas hésité à la faire connaître.

P. V.

I

QUESTIONS SOCIALES

Le Tonkin et l'Annam sont liés étroitement l'un à l'autre par un même régime et par de nombreuses alliances de famille, surtout dans la classe lettrée. Ils accepteront ensemble notre domination si elle est bienveillante, ils nous feront de l'opposition si elle est oppressive. La plupart des grands mandarins de la cour ont des parents à Hanoï ou dans les grands centres du Tonkin.

Ce pays est considéré comme étant le berceau de la race annamite et comme étant seul à même de subvenir actuellement aux frais d'administration du royaume.

Les provinces de l'Annam, livrées à elles-mêmes ne peuvent communiquer que par mer avec la capitale et ne lui envoient plus leurs tributs. Elles sont en pleine anarchie.

Il est incontestable que les anciens lettrés subissent le protectorat comme un expédient; une solution temporaire.

L'un d'eux m'a dit qu'il pensait qu'au bout de quelques années, 3o ans au plus, l'Annam pourrait être rendu à lui-même.

On comprend alors qu'aucun d'eux ne désire nous voir arriver rapidement à une situation administrative prospère.

Leur opinion est parfaitement rendue par la phrase de Phan-Tan-Giang, répétée par Tuong : « Pourquoi, vous, Français, qui êtes riches, vous obstinez-vous à venir chez de pauvres gens comme nous, troubler les rapports du Roi avec ses sujets qui sont ceux d'un père avec ses enfants ! »

Quelques-uns espèrent encore que nous nous lasserons d'une occupation dans laquelle nous avons rarement montré la ténacité et l'esprit de suite sans lesquels on ne peut rien terminer.

Les représentants de la France se sont appuyés tantôt sur un groupe de mandarins, tantôt sur un autre et ils ont toujours rencontré chez les ministres et chez leurs représentants dans les provinces, le même esprit obséquieux, la même finesse, les mêmes procédés dilatoires. Si par une pression énergique, ils arrivaient à compromettre un fonctionnaire indigène, ce dernier s'excusait auprès de la cour en déclarant qu'il avait eu la main forcée. Puis il recommençait à temporiser.

Cependant comme il faut maintenir une administration à ce peuple de onze millions d'âmes ; comme nous n'avons pas eu l'énergie de la réorganiser, ainsi que nous l'avions fait en Cochinchine, avec des éléments français appuyés sur la classe moyenne du peuple, il est indispensable de conserver les lettrés en les surveillant, en les encourageant, et en leur adjoignant quelques auxiliaires qui nous soient acquis.

Il faut même les diriger complétement et entrer dans tous les détails importants de l'administration afin d'éviter que des abus graves ne soient commis en notre nom.

Notre moyen d'action sur les fonctionnaires lettrés est tout indiqué.

Ce n'est point par la terreur que nous pouvons dominer des individus susceptibles qui ne craignent pas la mort et qui se tuent volontairement sur un ordre de la Cour.

C'est par l'amour-propre, c'est par des ménagements habiles, en améliorant leurs situations, en leur laissant entrevoir le but élevé que nous poursuivons, en les associant franchement et loyalement à notre œuvre. Il 'est nécessaire aussi de faciliter l'accès aux emplois des hommes de la classe moyenne, de créer une masse de gens attachés à notre cause et vivant par nous, au milieu de la population *des villages*.

Jusqu'à présent les Annamites qui nous ont servis ont été très habilement attaqués auprès des autorités françaises par leurs compatriotes.

Lorsqu'un chef français s'en va, et Dieu sait s'ils changent souvent, ceux qui ont travaillé sous ses ordres se cachent ou rentrent à Saïgon, tant ils ont peur des délations et des accusations souvent calomnieuses auxquelles ils se sentent exposés.

Le nouveau fonctionnaire français est généralement zélé et animé du désir de réformer rapidement les erreurs de ceux qui l'ont précédé.

Comme César, il voudrait dire : « *Veni, vidi, vici.* »

Il brise sans hésiter des rouages qui fonctionnent à peine, il fait quelques rapports remarquables destinés à signaler en haut lieu son extrême perspicacité et son énergie extraordinaire.

Puis lorsqu'il faut reconstruire l'édifice ébranlé, les matériaux lui manquent, il se lasse et se dérobe à son tour, laissant derrière lui des ruines et quelques ébauches informes destinées à disparaître.

Il s'était lui-même isolé à son début de tous les auxiliaires qui s'étaient attachés à la cause de la France.

Les agents subalternes d'une administration prudente doivent marcher d'accord avec les autorités communales et cantonales qui seules représentent réellement les masses populaires.

Ces individualités qui sont choisies à l'élection parmi les propriétaires notables de cette nation, essentiellement agricole, doivent être traités avec égards par les fonctionnaires français et avec respect par nos agents indigènes.

Ce n'est qu'à l'aide des milices chargées de la police intérieure que leur autorité pourra être maintenue dans les campagnes.

Sinon nous marcherions rapidement vers l'anarchie ou vers le militarisme à outrance, qui sont également odieux à l'Annamite et qui seraient l'un et l'autre funestes à notre domination.

Lorsque nous sommes arrivés à Hanoï, notre premier soin avait été d'étudier les dispositions des mandarins et celles du peuple.

Les premiers étaient recueillis, attentifs et prudents ; renseignés très exactement sur ce que nous faisions et sur ce que nous disions, insondables pour nous, ils tâchaient de retenir entre leurs mains l'ascendant qu'ils excerçaient autrefois sur toutes les classes de la population. Ils voyaient avec regret leur ancien prestige bien amoindri. Les rudes exigences de nos soldats et le dédain peu déguisé de leurs chefs les remplissaient de douleur et de dépit.

Le peuple, doux, timide, formaliste était inquiet. Bousculé dans les rues et sur les routes, assujetti à des corvées pénibles et irrégulières, il craignait de voir porter atteinte à ses institutions, à ses usages, à son culte de famille qui est beaucoup mieux observé au Tonkin que dans la Cochinchine. — Chez ces hommes qui sont susceptibles, la politesse est méticuleuse. Elle est basée sur un classement social qui s'étend depuis l'empereur jusqu'au plus simple manœuvre. Un pauvre diable salue et parle avec respect à un notable, mais il est à son tour l'objet des formules les plus respectueuses de la part de ceux de ses compatriotes qui sont moins qualifiés ou plus jeunes que lui.

Les brusqueries des Européens, les brutalités de quelques ivrognes les désolaient.

S'ils tiennent à la vie de famille et à leurs usages, s'ils désirent voir améliorer leur sort, s'ils sont attachés étroitement à leurs villages qui constituent de véritables associations privées, ils n'ont pas le patriotisme national qui anime les occidentaux. Ils suivaient autrefois les ordres de leurs mandarins. Aujourd'hui, ils écoutent surtout la voix de leurs chefs de village qui vivent et souffrent au milieu d'eux en s'associant à leurs épreuves et à leurs espérances. Ils tiennent à la prospérité de leurs familles et des associations communales, auxquelles ils appartiennent. Ils disent hautement avec quelques-uns de leurs lettrés que depuis Thu-Duc, il n'y a plus eu de roi d'Annam, que depuis Phan-Tan-Giang et Nguyen-Tri-Phuong il n'y a plus de grands mandarins dignes de ce nom.

Si nous leur assurions la paix, la sécurité dans leurs familles et dans leurs biens, ils s'attacheraient à notre domination. Les lettrés comme les hommes du peuple, nous l'ont répété maintes fois.

L'humanité, la modération, la tolérance qui distinguent les fonctionnaires français établis parmi les populations asiatiques, peuvent donc nous permettre d'entreprendre avec succès la conquête morale de ce peuple si digne d'intérêt.

Mais aucune de ces qualités ne suffirait pour obtenir ce résultat si nous ne pouvions garantir aux nouveaux sujets de la France, une justice impartiale, rapide et absolument gratuite, si notre administration était impuissante à réprimer les excès et les abus vis-à-vis de la race vaincue.

L'Annamite se soumet volontiers aux ordres d'un chef, il supporte avec impatience les vexations d'un subalterne, il aime à connaître celui qui le commande et il lui obéit avec une respectueuse affection, avec un véritable dévoûment. Il a besoin d'être dirigé et commandé; il a compris toute l'impuissance de ses anciens chefs. Il lui faut absolument des supérieurs dignes de leur position, car il voit en eux un père, un chef de famille.

Les mandarins eux-mêmes nous accepteraient volontiers pour la plupart s'ils étaient sûrs de conserver leur position et les honneurs qui y sont attachés. L'un d'eux rentrant d'exil à Pulo-Condor où il avait été envoyé pour nous avoir été hostile, disait : « Nous pourrons être vos amis, mais nous sommes comme le serpent à vos pieds, si vous voulez nous écraser, nous nous redresserons et nous vous mordrons cruellement. » Un autre me disait : « Si vous voulez tout refuser à notre cour, vous vous trouverez en face d'une insurrection générale. »

Ils ont été si souvent l'objet de mesures de défiance, qu'ils ne savent encore jusqu'à quel point ils peuvent compter sur nous.

Il est inutile d'examiner les griefs que les indigènes pourraient avoir contre les conquérants. — Leur plus ou moins d'importance n'est pas en cause. — Il nous suffira d'affirmer que dans tout pays nouvellement occupé, la surveillance d'une population organisée doit être confiée sans délai à une administration civile, forte, éclairée, s'appuyant sur des indigènes qui lui offrent des garanties sérieuses et indiscutables de modération.

L'organisation de la société annamite, fondée sur des principes à peu près identiques à ceux de la société chinoise, nous fournit d'excellents éléments pour constituer les auxiliaires dont nous avons besoin, auxiliaires qui nous serviraient même contre les mandarins si ces derniers venaient à nous être résolument hostiles.

Les villages élisent les membres de leurs conseils communaux et les prennent parmi les principaux propriétaires, les plus riches, les plus généreux et les plus actifs. Ces chefs des villages, chargés de recueillir l'impôt et de le verser au trésor en se conformant au rôle, sont dévoués surtout au maintien de l'ordre et à la prospérité de leurs cantons; nous avons créé pour les seconder et pour faire respecter leur autorité, des milices organisées comme l'ancienne armée provinciale annamite, mais payées par nous-mêmes et placées sous les ordres directs de l'administration civile. Cette institution excellente qui nous avait permis de pacifier la Basse-Cochinchine a été acceptée avec reconnaissance par les indigènes.

Le milicien n'est pas régi par une législation spéciale. En dehors du service, il est soumis à la loi commune, il a sa famille, sa femme et ses enfants. Il doit le respect aux chefs du village et au chef du canton. Il est en outre dévoué à la France; car l'Annamite s'attache à celui qui le nourrit et qui le commande. Il remplit donc un double rôle : il est fidèle à la nouvelle administration; il est respectueux pour les autorités indigènes et pour les usages du pays. Il n'est pas une cause de trouble pour les familles de ses compatriotes.

Lorsque la création des milices eut lieu, un haut fonctionnaire ayant la confiance de la cour, vint me dire que les mandarins appréciaient toute l'importance et toute l'utilité de cette institution fondamentale, et que, pour montrer combien ils partageaient nos idées à ce sujet, ils étaient prêts à les payer et à les surveiller eux-mêmes, se tenant toujours disposés à les mettre aux ordres des résidents français lorsque ceux-ci les réclameraient. Je m'empressai de lui répondre que

nous tenions à les solder et à les commander nous-
mêmes et que nous savions parfaitement que les gens
d'Annam ne sont attachés qu'à ceux qui les nourrissent.
Cette simple conversation suffit à régler une importante
question de principe.

Le milicien, sauf dans quelques circonstances excep-
tionnelles et temporaires, ne sert que dans sa province.
Sa femme et ses parents vivent à portée de leurs familles et de leurs villages ; ils sont des agents dévoués de
notre cause; ils font connaître à tous que les employés
de la France ont une solde trois fois plus forte que les
soldats de l'Annam et sont traités avec humanité par
leurs nouveaux chefs.

Ils savent que ceux qui nous servent avec distinction
sont récompensés magnifiquement, et qu'au Tonkin
comme en Cochinchine, les hommes de valeur seront
traités par nous comme des amis et pourront prétendre
aux plus hautes dignités indigènes.

Il est nécessaire en effet, si l'on veut dominer une
population intelligente comme celle de l'Annam, de
faire entrevoir aux esprits inquiets et ambitieux qui ne
manquent pas dans ce pays, que nous seuls pouvons
donner satisfaction à tous leurs désirs de grandeur et
de richesse.

Parmi les mesures les plus heureuses qui furent prises
pour nous assurer le concours des classes moyennes,
nous devons citer la création d'un conseil des délégués
des notables du Tonkin. Les chefs des cantons et les
chefs des villages devaient en élire un par préfecture ou
plus.

Ces élections eurent lieu avec beaucoup d'ordre. Les
délégués se montrèrent pleins de sagesse et d'indépen-
dance. Ils signalèrent courageusement les principaux
abus de l'administration indigène et réclamèrent des ré-
formes utiles. Leurs délibérations ne laissèrent pas que

d'inquiéter vivement les mandarins attachés à la cour. Elles donnèrent bien la véritable mesure de l'esprit public des populations rurales, dont les principaux chefs sont habitués à discuter journellement les intérêts de leurs villages. Deux de ces délégués furent assassinés plus tard sans que l'on pût retrouver leurs meurtriers. Il est très probable qu'ils ont été tués par nos ennemis pour avoir trop bien rempli leurs mandats. Lorsqu'ils faisaient connaître sans hésiter les besoins des populations qu'ils représentaient, ils n'ignoraient pas à quel péril ils s'exposaient. Leur mort fait le plus grand honneur à leur pays, et leur mémoire restera respectée chez une nation où le culte des ancêtres et le souvenir des illustrations locales sont les principaux mobiles de toutes les actions énergiques. Je demandais un jour à un mandarin jeune et ardent ce qu'il préférait : vivre heureux, riche et puissant et être oublié après sa mort, ou bien vivre pauvre, malheureux, persécuté et avoir un temple érigé à sa mémoire, comme la pagode de Nguyen-Huu-Dò, à Hanoï.

Il répondit sans hésiter qu'il était prêt à supporter toutes les misères pour obtenir qu'après son existence, un monument perpétuât son nom dans son pays.

Nous pourrons donc obtenir des indigènes eux-mêmes un concours précieux et dévoué, en les associant à notre lutte pour la civilisation. Mais pour réussir, il faut bien connaître leurs sentiments et leur caractère, il faut aussi ne jamais oublier que notre tâche n'est pas facile, car des ennemis ardents et qui ne reculent devant aucune extrémité, vivent à côté de nous et exploitent habilement toutes nos maladresses. Le jour où nous leur paraîtrons capables d'administrer sagement et intelligemment les magnifiques pays que la Providence a placés sous notre domination, leur opposition cessera et ils se soumettront. Car ils n'ont qu'un but : défendre leur race et leur pays. Et ils le poursuivront au péril de leur vie, en sacrifiant leurs familles et leurs biens, tant que nous serons à leurs yeux des oppresseurs barbares et inintelligents.

En rédigeant hâtivement quelques notes destinées à renseigner sur la situation morale des Annamites, je n'ai pas l'intention de reproduire les détails, pleins d'intérêt d'ailleurs, de leur constitution sociale, car ils figurent déjà dans les nombreux ouvrages qui ont paru sur la Cochinchine. Mais je dois mentionner qu'au Tonkin, dans les grands centres, à Hanoï surtout, les cérémonies religieuses et familiales sont pratiquées très régulièrement par la plupart des habitants. Les funérailles sont très émouvantes, les morts sont portés à leur dernière demeure sur de riches brancards, précédés et suivis d'un nombreux cortège de parents et d'amis ; en tête, un enfant porte une branche de feuillage au sommet d'une perche en bambou, ornée de fleurs ; des musiciens et des porteurs d'emblèmes et de bannières viennent ensuite ; le cercueil est couvert de fleurs et de riches étoffes brodées ; on brûle des parfums dans des vases en bronze derrière le mort ; puis viennent les parents, les amis et des pleureuses en habits de deuil. Tout ce monde est recueilli, affligé ; l'air retentit de sanglots. Les cérémonies antiques n'étaient pas plus touchantes dans l'ancienne Rome, où les familles patriciennes faisaient des sacrifices devant les autels des dieux lares et conduisaient leurs morts en faisant porter devant eux les images de leurs ancêtres.

Peut-être trouvera-t-on que mes appréciations sont empreintes d'une grande partialité en faveur de la race annamite. On pourra même leur opposer les récits véridiques de quelques personnes qui sont aussi allées au Tonkin et qui ont constaté des vices et des défauts sans nombre chez les indigènes.

On ne doit pas oublier que lorsqu'un peuple vient de subir, comme les Tonkinois, vingt ans de guerres civiles et l'invasion de deux armées étrangères, il a été profondément troublé dans ses mœurs et dans ses usages. Bien des hommes ont disparu, des villes et des villages ont été détruits sans pitié, des milliers de familles, privées de leurs chefs, ont été réduites à la misère. Mais il faut voir cette société, non telle qu'elle est, mais telle qu'elle voudrait être. Ce qui existe essentiellement parmi ce peuple si malheureux auquel nous devons rendre le repos et une existence régulière qui lui faisait autrefois tant d'honneur, ce sont des habitudes d'ordre, de morale, de respect des enfants pour les parents, de dévoûment des parents pour les enfants qui sont encore en vénération dans toutes les classes de la société. Chaque Annamite désire ardemment voir renaître une situation sociale qui permette encore de dire, comme du temps du R. P. Siébert : « Les Annamites sont de mœurs pures. »

Il est encore une catégorie de la société indigène qui mérite toutes nos sympathies : ce sont les chrétiens, au nombre de près de cinq cent mille ; ils forment depuis près de deux siècles un monde à part au milieu de l'empire annamite ; ni les menaces, ni les promesses, ni les persécutions n'ont pu les amener à renoncer à leurs croyances. Ils sont dévoués à la France qui est pour eux la patrie de leurs coréligionnaires, de leurs frères aînés, comme ils le disent.

Les lettrés, qui sont leurs ennemis acharnés et qui leur attribuent les malheurs de la dynastie des Nguyen, ont souvent tâché de nous les rendre suspects en les représentant comme des agents de discorde et comme des pirates. Ce sont, au contraire, nos alliés sincères, et si nous venions à les abandonner aux rancunes de nos ennemis, nous commettrions une grande imprudence. Car en Orient, celui qui ne sait pas rester fidèle à ses amitiés est abandonné par tout le monde. Ces braves chrétiens, dont la persévérance et le courage sont au-dessus de tout éloge, suivent fidèlement les conseils de nos vaillants missionnaires, ces Français pleins d'abnégation et de patriotisme qui, les premiers d'entre nous, ont versé leur sang en Indo-Chine pour glorifier notre civilisation chrétienne.

Après avoir parlé de la population indigène du Tonkin, examinons les conditions dans lesquelles peut se développer l'élément européen dans notre colonie.

Il est déjà considérable et il est appelé à y prendre une extension rapide, car le pays a un climat plus tempéré que celui de la Cochinchine et sa nombreuse population, ses ressources variées, son commerce déjà important assurent à ceux de nos compatriotes qui s'établiront là-bas des chances certaines de prospérité. Les premiers Européens qui y sont allés se sont occupés principalement d'exploiter les moyens de transport et de fournir aux approvisionnements de nos troupes.

Aujourd'hui la guerre est terminée, nos troupes ont été réduites, et la plupart des grands transports d'hommes et de matériel sont effectués par des compagnies régulières subventionnées.

Mais de grandes constructions, des travaux importants seront sans doute entrepris à bref délai et l'élément indigène se rapprochant de nous apportera à nos négociants une nouvelle clientèle en remplacement de celle qui lui est enlevée.

C'est une transformation inévitable qui s'opère rapidement ; elle vient substituer de nouvelles opérations à celles qui dans le principe avaient alimenté notre commerce naissant. Ce sont donc des entrepreneurs, des chefs d'ateliers, des contre-maîtres qui vont avoir le rôle le plus utile à remplir dans cette nouvelle phase de notre organisation.

En même temps, les négociants auront à pourvoir à l'approvisionnement des Asiatiques qui achetaient avant notre arrivée, à des prix assez élevés, des marchandises de provenance européenne de qualités inférieures, des cotonnades, des lainages, des flanelles, etc.

Il sera facile à nos compatriotes de se renseigner exactement sur les besoins de ces nouveaux acheteurs qui viennent de montrer à l'exposition de Hanoï qu'ils étaient tout disposés à s'approvisionner de nos mains.

La création de grands établissements agricoles et industriels au Tonkin est également à désirer. Mais ces entreprises considérables qui demandent l'emploi de grands capitaux sans qu'aucun bénéfice immédiat puisse leur être assuré, comportent des risques auxquels de simples particuliers ne doivent pas s'exposer imprudemment. Des associations puissantes et bien dirigées peuvent seules se charger de mener à bien ces grandes opérations dont les résultats seraient si avantageux pour la colonie. La petite culture est très bien pratiquée par les indigènes et par les Chinois qui ont mis en valeur tous les terrains voisins des grands centres. Les colons européens ne peuvent prétendre faire concurrence sur ce point aux cultivateurs déjà en possession du sol. Ils supporteraient d'ailleurs bien difficilement les rudes labeurs qu'entraîne l'exploitation de la terre sous un climat qui est moins rigoureux que celui de Saïgon, mais qui cependant est excessivement chaud pendant trois mois de l'année.

II

QUESTIONS MILITAIRES

Dans les premiers moments de la conquête, tous les pouvoirs ont été naturellement réunis dans les mains des chefs militaires.

Il a semblé, bien à tort, à quelques personnes qu'en installant en Indo-Chine une administration civile, on méconnaissait les éclatants services rendus par notre vaillante armée.

Une organisation militaire avait été ébauchée, le pays avait été réparti en cercles, et les commandants de ces circonscriptions étaient les représentants naturels de l'autorité supérieure vis-à-vis des indigènes.

Certes, nos officiers peuvent fournir les meilleurs éléments d'une bonne administration civile. L'expérience a été faite avec un plein succès aux Indes et en Cochinchine. Ils ont même des qualités inappréciables au début d'une organisation. Je ne crois pas qu'aucune autre catégorie de personnes en France, puisse offrir autant de garanties de tenue, de modération, d'équité et de travail pratique. Nos officiers ont l'habitude de commander les hommes avec sagesse dans des circonstances imprévues lorsqu'ils n'ont, pour les diriger eux-mêmes dans leurs décisions, ni lois ni réglements. Ce sont des conditions dans lesquelles nos magistrats métropolitains, habitués à appliquer rigoureusement un texte quelconque, ayant toujours vécu dans un pays où l'on ignore extraordinairement les choses coloniales, tout en en parlant beaucoup, sont exposés à commettre inconsciemment les plus dangereuses méprises.

Mais tous les officiers indistinctement ne sont pas aptes à remplir sans préparation des fonctions civiles. Il y a en outre de graves inconvénients à réunir tous les pouvoirs civils aux pouvoirs militaires dans les mêmes mains parce qu'alors fréquemment les intermédiaires entre les magistrats et les administrés se trouveraient être les soldats. Ceux-ci, placés sous une loi d'exception, menant une vie rude, souffrant des privations nombreuses, ne peuvent apprécier sous un jour favorable le caractère des populations au milieu desquelles ils passent deux années au plus d'une corvée pénible, d'un véritable exil. Ils voient dans l'indigène un ennemi à peine vaincu et ne sont pas disposés à le traiter avec ménagement. Des abus nombreux peuvent se produire. Ces abus ne sont portés à la connaissance des chefs que lorsqu'ils sont devenus intolérables et lorsque le mécontentement est général. Les peines disciplinaires infligées alors aux coupables ne sauraient réparer les froissements que les rigueurs de nos compatriotes auraient causés. Une domination purement militaire conduirait l'Indo-Chine à l'apauvrissement et à l'insurrection.

L'administrateur doit se consacrer tout entier à assurer la paix et la prospérité des habitants, à réparer les malheurs de la guerre, à conquérir les sympathies de la population civile. Ce service est exclusif et ne peut être sans inconvénient majeur cumulé avec le commandement des troupes.

Le rôle naturel de nos troupes, tout en étant plus restreint, est plus pratique, plus utile ; il est aussi bien plus élevé, bien plus considérable. Il ménage davantage nos hommes dont le sang est si précieux.

Qu'importe au soldat que son chef soit ou non investi des pouvoirs civils ! Est-ce que le commandant en chef de l'armée des Indes, depuis lord Clive jusqu'à nos jours, a jamais songé à s'occuper de l'administration du pays !

Ce qui est dù au soldat, c'est un traitement honorable, de bons logements, une solde élevée, et des avantages qui compensent les ennuis d'un éloignement temporaire de son pays. Dans ces contrées si différentes des nôtres, le soldat européen, bien logé, bien payé, bien nourri, bien vêtu, est un homme d'élite qui ne doit pas être dérangé inutilement, qui réside dans les grands centres, ayant à sa portée toutes les ressources possibles de notre civilisation. Au Tonkin, il doit au plus vite disparaître des petits postes du Delta établis au milieu des rizières. Les miliciens peuvent les occuper à bref délai. Les Européens ont à fournir les garnisons de Hanoï, de Hué, de Nam-Dinh, de Son-Tay, de Bac-Ninh et des postes d'observation renouvelés tous les deux mois sur les frontières. Nos compatriotes ne doivent jamais y séjourner plus de trois mois.

La grande masse des troupes françaises, cantonnées au centre du Tonkin, à portée des grandes voies de communication, doit être prête à une concentration rapide sur un seul point. Actuellement, elles sont trop disséminées et ne pourraient être réunies sans exiger l'évacuation de postes nombreux, ce qui causerait de graves inquiétudes parmi les habitants. Nos soldats ne doivent intervenir nulle part dans les circonstances ordinaires, mais ils doivent être prêts à paraître en forces imposantes sur un point quelconque en cas de danger.

On a examiné les différentes opérations que nos troupes pouvaient être appelées à exécuter dans le cas d'une attaque venant de l'extérieur sans tenir suffisamment compté du rôle que joueraient les Annamites si notre domination venait à être menacée.

Il me paraît probable que nous ne pourrions repousser une attaque sérieuse si la population nous était complétement hostile. Les troupes indigènes dans ce cas se tourneraient contre nous. Les Annamites qui les composent suivraient les ordres de leurs parents. Le vide se ferait autour de nos détachements, les ravitaillements et les transports seraient compromis, notre poignée d'hommes serait bien vite submergée dans la masse de nos adversaires. Ils auraient beau faire des prodiges de valeur, tous leurs efforts seraient rendus inutiles.

Au contraire, si la population était résolument avec nous, nous pourrions résister avec succès aux efforts d'une puissance quelconque, même lorsqu'elle serait assistée de la Chine. Car les difficultés d'accès et de circulation par la voie de mer sur notre littoral sont telles qu'aucune armée étrangère ne pourrait débarquer son artillerie et ses approvisionnements et les conduire à portée des champs de bataille où se déciderait le sort de la colonie. Il nous serait trop facile de lui interdire la circulation sur les rivières que nous commandons par nos canonnières et nos canots à vapeur.

Dans le cas d'une attaque par la frontière de Chine, si nos postes d'observation se repliaient devant une invasion jusqu'au Delta pendant que nous ferions harceler l'ennemi par nos partisans indigènes en interceptant ses transports par la voie fluviale, nos adversaires ne pourraient parvenir à nos places d'armes sur les limites du Delta que désorganisés et privés de leur gros matériel.

Les Annamites ont souvent repoussé les Chinois du Tonkin par leurs propres moyens. Appuyés sur un noyau de troupes françaises, ils ne redouteraient nullement une nouvelle agression de leurs voisins.

Je pense d'ailleurs que les Chinois ne nous attaqueront jamais si nous avons pour nous les sympathies des indigènes. Ils s'évertueront alors à commercer avec nos possessions, ils chercheront à y créer des établissements agricoles et industriels, ils deviendront pour nous d'utiles auxiliaires et nous aideront puissamment à mettre le Tonkin en valeur.

Lorsque cent mille Chinois seront établis au Tonkin et y gagneront leur vie comme commerçants, ouvriers ou agriculteurs, à côté de nos colons européens dont ils seront les auxiliaires et les amis, la paix avec la Chine sera parfaitement garantie par des intérêts communs importants.

Pendant que nous étions en lutte avec la Chine, nous avions autour de nous et chez nous un grand nombre de Chinois, soit en Cochinchine, soit au Tonkin, dans nos maisons et sur nos navires. Ils continuaient à nous servir et à nous aider sans partager les passions politiques de leur gouvernement. Si on avait prononcé moins souvent le mot d'évacuation dans nos journaux, cette campagne aurait été bien moins difficile.

En parlant de la défense des frontières, on ne saurait oublier de mentionner les tribus Muongs établies dans les montagnes et sur les plateaux qui nous séparent de la Chine. Ce sont des gens courageux, faciles à transformer en alliés fidèles si nous les traitons bien. Ils n'ont pas été fâchés de voir une nation nouvelle venir s'implanter dans le pays en superposant son autorité à celles de leurs anciens dominateurs, Chinois ou Annamites.

Les troupes dont nous disposerions pour défendre le Tonkin et l'Annam pourraient être rapidement portées en cas de guerre à un effectif respectable par la mobilisation d'une partie des miliciens, gens très sûrs, attachés à leurs familles et à leurs villages, ayant déjà l'habitude des armes.

Mais la condition absolue d'une situation militaire

inexpugnable est l'alliance sincère de la population. Elle nous sera acquise si les indigènes ne sont pas en contact journalier avec les soldats européens; si ces derniers, bien traités et tenus avec luxe, ont vis-à-vis des Asiatiques le prestige de gens d'une race supérieure. Tout Français, aux yeux des Annamites, doit être un homme bon, fort, généreux, dont les besoins sont très largement satisfaits par l'état.

Nos hommes doivent être aussi bien logés, et aussi bien entretenus au moins que les troupes anglaises en garnison auprès de nous à Hong-Kong.

En visitant une caserne anglaise bien tenue et bien aérée, en examinant l'air de santé et la vigueur des hommes, malgré une chaleur torride, un vieux militaire disait : J'aime mieux 6.000 hommes bien portants que 15.000 anémiques mal logés et médiocrement entretenus.

La constitution d'une armée coloniale spéciale à l'Indo-Chine permettrait de donner à ce corps de troupes des réglements particuliers qui fussent conformes aux exigences de la mission délicate qu'il aurait à remplir. — Il ne devrait se recruter que parmi des hommes d'élite, ayant déjà servi et ayant l'ambition, une fois leurs engagements remplis envers l'état, de se faire une position dans le pays. Pendant leur séjour dans les rangs, ils auraient le temps de s'habituer au Tonkin, d'étudier ses ressources et de choisir la profession ou l'emploi qu'ils voudraient remplir en quittant le service. Ce seraient les meilleurs colons, ces anciens soldats qui resteraient volontairement dans un pays bien connu déjà, au sujet duquel ils n'auraient ni les illusions ni les craintes qui paralysent souvent les efforts de ceux qui viennent directement s'y établir sans s'être suffisamment préparés à cette entreprise.

En Cochinchine, parmi les colons qui sont arrivés

aux positions civiles les plus avantageuses et les plus honorables, on compte plusieurs anciens sous-officiers et soldats qui ont achevé leur temps de service dans la colonie. On nous a cité parmi eux un directeur de l'intérieur, un sous-directeur des contributions indirectes, deux imprimeurs qui se sont retirés en France avec une belle aisance, plusieurs employés supérieurs des diverses administrations et plusieurs négociants.

Ainsi c'est dans les rangs de l'armée coloniale que l'on peut recruter les meilleurs éléments de notre administration et de notre population civile.

Telle est la sage pratique qui unissait étroitement en Cochinchine pour le bien de la patrie l'élément militaire à l'élément colonisateur. On disait alors : Les bons militaires font les bons civils, de même que c'est avec les bons citoyens que l'on recrute nos meilleurs soldats.

Le Tonkin ne doit plus être un champ de bataille. C'est une vaste usine, une grande entreprise agricole, industrielle et commerciale; tous nos efforts doivent avoir pour unique but son développement pacifique auquel les militaires doivent concourir avec les civils.

L'administration des Annamites est une spécialité pour laquelle on doit former des hommes ayant de l'instruction, de l'éducation et un moral bien trempé.

III

QUESTIONS FINANCIÈRES

Nous avons examiné d'abord quels étaient nos devoirs vis-à-vis des Annamites et comment nous pourrions acquérir leurs sympathies dont nous avons absolument besoin. Nous avons dit ensuite combien il était nécessaire de les avoir pour alliés fidèles, si nous ne voulions pas être menacés dans notre sécurité.

Je n'ai pas voulu préciser le chiffre du corps d'occupation qu'il est nécessaire d'entretenir en Indo-Chine.

On doublerait vainement les effectifs actuels qu'on n'y serait pas en sécurité si les indigènes nous étaient hostiles. On pourrait les réduire considérablement si, par une administration simple et paternelle, on leur donnait les satisfactions auxquelles ils ont droit.

Pour avoir une situation financière satisfaisante, pour avoir les moyens de loger sainement nos fonctionnaires et nos troupes, d'accomplir les travaux publics indispensables sans augmenter les charges de la Métropole, nous avons encore bien plus besoin du concours de la population. Elle est docile, soumise à tout ce qui est équitable ; elle devient ombrageuse et s'affole facilement si elle se voit exploitée, soumise à l'arbitraire d'un pouvoir aveugle, si ceux qui doivent la diriger n'ont pas cette haute bienveillance, cette tenue correcte des véritables pères de famille du peuple, tels que les individus de la civilisation chinoise aiment à se représenter leurs administrateurs.

Le fonctionnaire qui a une existence irréprochable a un grand ascendant sur les Asiatiques, même les plus corrompus. S'il a quelque défaut, quelque faiblesse, les indigènes le savent immédiatement, car ils connaissent très vite nos caractères et les détails de notre existence. Ils sont observateurs, expansifs entre eux, causent beaucoup et savent nos moindres impressions, si nous ne surveillons pas nos paroles. Un fonctionnaire d'un certain rang n'est pas depuis huit jours installé à Hanoï, ville à laquelle on attribue cent mille âmes, que la plupart des habitants sont renseignés sur son caractère, ses relations, ses amis, l'aiment ou le détestent et l'ont gratifié d'une qualification qui n'est pas toujours flatteuse, quoique polie.

Les Annamites accepteront volontiers les diverses mesures fiscales nécessaires à la création de nos ressources financières, pourvu que ces mesures soient sages, que les taxes soient modérées, conformes aux choses du pays, et aussi à la condition qne l'emploi du produit de l'impôt soit bien justifié à leurs yeux. Tout notable discute les affaires financières de sa province et sait ou croit savoir où va l'argent du tribut, et quelle est la part qui est gaspillée tous les ans. Il se prêtera volontiers à une réforme utile et pratique ; son esprit se révoltera si des travaux coûteux et improductifs engloutissent les ressources de la colonie.

Cette année, notre budget des recettes n'est pas élevé. Ce n'est pas en peu de mois de luttes et de tiraillements ayant pour but la constitution même du pouvoir que nous aurions pu, malgré un travail excessif, asseoir les grandes lignes d'un système complet d'impôts acceptés par le pays.

La suppression de l'impôt en nature, qui a été si bien accueillie, a constitué un progrès important. L'établissement régulier des principales branches du revenu est une œuvre facile à poursuivre sans délai, car tout retard entraîne une perte d'argent irréparable. Espérons que cette tâche sera conduite avec sagesse et accomplie avec succès.

' Les prévisions du budget s'élèvent à 44 millions. Aux 3o millions alloués par la Métropole, viennent s'ajouter 14 millions dont les principaux éléments sont donnés par l'impôt indigène, impôt foncier et impôt de capitation, et par les recettes des douanes.

On n'a pas trouvé encore un fermier pour l'opium. On hésite avec raison à créer la ferme des spiritueux et les maisons de jeu ont occasionné plus de désordres qu'elles n'ont procuré d'agent. L'éloquent et courageux réquisitoire de M. de Lanessan contre les maisons de jeu de la Cochinchine a éclairé le pays sur les dangers de cet impôt. Il faudrait compléter ces ressources au moyen de taxes qui ne comportent pas une aggravation des impôts anciens.

Ainsi, les douanes complétement organisées, fonctionnant bien, donneraient beaucoup plus de 3 millions, mais elles ne sont qu'en voie d'organisation. Il est à craindre que les tarifs trop complexes que l'on parait vouloir adopter pour l'Indo-Chine ne viennent compromettre cette branche de revenus.

L'impôt sur le sel qui doit être perçu par la douane et qui serait d'une perception facile si elle est bien déterminée doit produire beaucoup. Tout le sel vient des salines de la côte d'Annam et son entrée par le fleuve est facile à contrôler. Une taxe légère qui correspondrait à un prélèvement de 5o centimes par habitant et par an constituerait un impôt modéré qui produirait 4 à 5 millions. Aux Indes anglaises, le sel donne un franc par tête de consommateur, soit environ 15o millions.

Nous ne trouverons pas de fermier de l'opium qui nous offre d'emblée un prix convenable pour cette exploitation. Le mieux serait de l'organiser en régie sans retard. La régie ne doit pas nous donner moins de 4 millions nets, eu égard au nombre des consommateurs et aux facilités de surveillance. Aucun entrepreneur n'offrirait, de gré à gré, plus de 1.500.000 francs pour un fermage de quatre ans au moins. Ce serait une perte pour le trésor de 10 à 12 millions. Plus tard, la consommation de l'opium rapportera de 7 à 8 millions.

La vente régulière des terrains cultivés non inscrits et non possédés, mais exploités pour le compte des notables des villages, donnerait bon an mal an, pendant cinq ou six années, 4 à 5 millions. Les Annamites les achèteraient avec empressement. Ils ne connaissent pas d'autres placements sûrs que les achats des rizières et ils aiment mieux enfouir leur argent que le prêter. Il y a en ce moment beaucoup de numéraire improductif au Tonkin pour cette raison. — Ces terrains cultivés, devenant des propriétés particulières, seraient mieux exploités et augmenteraient sensiblement les ressources alimentaires de la population.

A ce propos, une banque d'état ou plusieurs banques ayant un privilège d'émission et dûment surveillées offriraient un concours précieux à la population et feraient sortir de terre une foule de petites épargnes qui se cachent.

Si cette banque faisait gratuitement pour le compte du Protectorat toutes les opérations de paiement et d'encaissement, ainsi que je l'avais proposé, nous réaliserions de ce fait une économie notable de temps, d'argent et de formalités inutiles.

Une autre recette importante résulterait du rachat des corvées. Pour tout le Tonkin, il nous est dû annuellement 17.200.000 journées de corvées, que la population peut racheter au taux de une demi-ligature chacune, ce qui représente une valeur de 7 millions environ, la ligature valant 80 centimes.

L'emploi irrégulier qui est fait de ces corvées constitue une des plus lourdes charges de la population. Les trois quarts de celles qui sont réquisitionnées sont perdues. La majorité des individus employés à un travail considérable, demeurant loin des chantiers, ont beaucoup à souffrir lorsqu'ils sont obligés de s'éloigner de leurs familles pour accomplir leurs tâches. Ou bien ils doivent abandonner leurs maisons pendant tout le temps que dure leur travail, ou bien il faut que matin et soir ils fassent un long trajet. Comme ils s'engageraient à nous fournir des manœuvres sur place tant que nous en voudrions, à une ligature par jour, soit 80 centimes, nos travaux seraient mieux faits, car les travailleurs recevant une rémunération qu'ils jugent convenable seraient satisfaits, et ils travailleraient avec bonne volonté. L'argent qu'ils recevraient serait mis en circulation après être sorti une première fois des mains des contribuables.

Actuellement, tous les prix des choses nécessaires à la vie sont bas, l'argent seul est cher. A certains points de vue, c'est un avantage; mais à notre époque, aucune situation économique ne peut être basée sur le bon marché absolu dans un pays qui ne s'isole pas complètement du reste du monde, ce qui était le régime de la Chine et de l'Annam il y peu d'années.

Il est utile, dans l'intérêt de tous, de faire circuler le numéraire des mains du contribuable dans les caisses du trésor et des caisses du trésor dans les mains des travailleurs. Il est utile aussi que les salaires soient augmentés dans une sage mesure, afin que les Annamites puissent avoir les moyens d'accroître leur bien-être en se créant de nouveaux besoins pour la satisfaction desquels ils s'adresseront à notre commerce. S'ils continuaient à donner en nature le travail qu'ils doivent à l'Etat, ils n'auraient jamais d'argent devant eux. Ce serait maintenir le système des échanges directs et ne pas tenir compte des services que doit rendre l'argent, instrument des transactions qui n'a toute sa valeur qu'autant qu'on ne le laisse pas chômer. — Il est également dangereux de laisser dans nos magasins des millions de ligatures qui sont retirées de la circulation. Il faut les employer en travaux utiles et urgents, en constructions, en salaires. Cet argent nous rentrera bien vite.

Aux produits de la régie, de l'opium, du rachat des corvées, de la vente des rizières disponibles, à ceux des douanes, à la taxe du sel doivent s'ajouter l'impôt des barques, l'impôt sur les bois, un droit d'enregistrement sur les transactions, et quelques autres taxes indirectes qui sont à établir aussitôt que l'administration pourra les percevoir.

Jusqu'à présent, notre personnel a été trop incomplet pour assurer le bon fonctionnement des divers services administratifs et financiers. Il a beaucoup travaillé et on n'a pas suffisamment rendu justice à ses efforts.

Pour surveiller la police générale, la justice et la perception des impôts dans des provinces dont quelques-unes ont de un à deux millions d'habitants, nous n'avions qu'un résident et trois ou quatre employés européens. On demande à ce personnel un service consulaire de justice et de chancellerie, des travaux statistiques considérables, une comptabilité complexe, la direction et la surveillance des travaux publics. Pour satisfaire à ces exigences multiples, il faudrait que chacun des membres de l'administration naissante pût accomplir dix fois le travail d'un bon employé métropolitain.

Il est certainement indispensable dans une colonie nouvelle de réunir tous les pouvoirs dans une seule main, afin qu'ils soient exercés avec ensemble et modération et afin de prévenir les conflits qui se produisent

trop fréquemment entre nos diverses administrations.
Mais il faut que les chefs de ces administrations ainsi
centralisées aient le concours d'un personnel suffisant
pour assurer la bonne exécution des opérations diverses qu'ils ont à diriger.

Leur rôle de surveillants de l'administration annamite, tel qu'il semblait prévu par les termes du dernier
traité, n'a jamais été qu'une fiction impossible à réaliser. Les fonctionnaires annamites ne font plus rien
sans recourir aux directions des représentants de la
France. Ceux qui sont bien intentionnés, il y en a et
leur nombre augmentera, tâchent de s'éclairer et veulent devenir pour nous des collaborateurs utiles.

Naturellement, je ne prétends point fixer avec infail-
libilité tous les détails du système financier de la
colonie. Je me borne à indiquer des règles générales,
dont on ne peut s'écarter sans danger.

L'essentiel est que notre administration recherche
constamment et sans relâche, avec abnégation des
personnes, les moyens les plus simples et les plus
pratiques d'accroître nos recettes sans mécontenter les
contribuables. Si un impôt ne rend pas ce qui a été
prévu, on ne doit pas hésiter à le modifier ou à le
supprimer.

Il est nécessaire d'innover toujours et de ne pas perdre un temps précieux à chercher des procédés parfaits
qui n'existent nulle part. On parviendrait difficilement
au Tonkin à cette prétendue perfection des formes qui
est la caractéristique des civilisations décrépites.

A l'augmentation de nos ressources financières doivent se joindre de notables économies dans les frais
d'occupation. Les navires de la flottille pourront être
réduits lorsque nous aurons des navires subventionnés
rapides et fréquents entre Haï-Phong, Tourane, Hong-
Kong et tous les ports de nos côtes. Ce service fait avec

des vitesses variant de 9 à 12 nœuds assurerait suffisamment la rapidité de nos transports de troupes pour nous permettre de réduire nos effectifs dans de sages limites.

Parmi les travaux publics urgents, à exécuter sans délai, nous citerons la coupure du Lach-Tray, celle du canal des rapides vis-à-vis Hanoï, la construction d'une voie ferrée de Hanoï à Bac-Ninch et Dap-Cau. Ces travaux diminueraient de moitié les trajets à effectuer de Hanoï à Haï-Phong et aux principaux centres de la partie orientale du Delta. Ils permettraient de réaliser des économies énormes de temps, de matériel et de personnel. Je ne veux pas les chiffrer.

Ils seraient peu coûteux, car certainement on trouverait des entrepreneurs pour exécuter à leurs frais, moyennant une garantie d'intérêt, la construction du chemin de fer; et les Annamites creuseraient les canaux avec les corvées, ou si les corvées étaient rachetées, au moyen d'un faible prélévement sur la recette provenant du rachat.

En 1867, au moment de la prise de possession des trois provinces occidentales de la Cochinchine, j'avais déclaré, dans un rapport publié avec l'autorisation de l'amiral de la Grandière, que la Cochinchine, au bout de dix ans, aurait un budget de 20 millions. Je ne m'étais pas trompé de beaucoup; on aurait pu avoir moins ou avoir plus; celà a dépendu des actes du gouverneur de l'époque. A mon avis on n'a pas assez été ménager du temps et de l'argent dans notre colonie. On a gaspillé l'un et l'autre.

Au Tonkin, où la population est de 10 à 11 millions d'âmes, où elle est organisée, laborieuse et d'une docilité que nous n'avons pas connue en Cochinchine, j'estime qu'avec de la modération, de l'ordre, du travail, en associant sans hésiter les Annamites intelligents, lettrés ou non lettrés, à l'œuvre d'assimilation que nous devons poursuivre, nous aurons facilement 40 millions de recette au moins, au bout de trois ans.

Mais pour récolter, il faut semer et semer à propos. Il faut suivre les indications que je donnais déjà dans mon rapport de 1867. Il faut savoir dépenser sagement, très largement à l'occasion, construire beaucoup, récompenser magnifiquement, donner aux administrés de toutes races de l'imprévu, des espérances, des distractions même; accorder à nos auxiliaires des soldes convenables, leur faire comprendre ce que nous voulons, le leur faire demander dans certaines circonstances.

Mais si on attend d'avoir trouvé des combinaisons plus ou moins savantes, compliquées ou mystérieuses pour créer nos budgets naissants et les rendre aussi inintelligibles que celui de la métropole, on inquiétera les annamites qui sont comme les Français et les autres peuples du monde : « En finances et en administration, ils n'aiment pas à être exploités. »

Voiron, 1887.

P. VIAL.

PIÈCES JUSTIFICATIVES

PROTECTORAT
de
L'ANNAM ET DU TONKIN

N° 100

Hanoï, le 9 octobre 1880.

CIRCULAIRE

Le Résident supérieur au Tonkin à MM. les résidents et vice-résidents chefs de poste.

Messieurs,

Vous savez déjà, par la circulaire du 16 avril 1880 et par l'arrêté du 6 août, que les milices fortement organisées sont appelées à jouer un rôle important dans les services publics du Tonkin.

Il est nécessaire de préciser le caractère de cette troupe spéciale dont le concours nous est indispensable. Aux Indes, à Batavia et en Cochinchine, des corps chargés de la police intérieure ont été créés dans des conditions analogues et ont puissamment contribué à la pacification du pays.

Les miliciens, en dehors de leur service commandé, sont soumis à la loi commune; ils doivent obéissance et respect aux autorités civiles.

Répartis, comme l'ancienne armée provinciale, en compagnies de 50 hommes et en sections de 25 hommes, ils peuvent être facilement détachés en postes isolés, pour la surveillance du pays, auprès des phus et des huyens, du moins auprès de ceux de ces fonctionnaires qui vivraient dans une situation isolée et qui seraient assez actifs pour les utiliser.

Dans chaque résidence, un corps de deux cents miliciens de choix, comprenant 4 compagnies avec cadres européens, sera chargé de la police, de la garde des édifices publics, des escortes et des corvées d'intérêt général.

Les miliciens appartenant à des familles d'inscrits ne contractent, sauf les engagés volontaires provenant des tirailleurs, que des engagements limités et doivent recevoir fréquemment des congés sans solde en temps ordinaire. Il faut qu'ils ne s'isolent jamais complétement de leurs villages, que, payés par nous régulièrement, ils soient nos agents actifs et dévoués, soit au milieu des populations, soit auprès des hauts fonctionnaires indigènes.

Nous devrons nous attacher non-seulement les miliciens, mais encore leurs familles et leurs villages.

Il faut que, dans toutes les reconnaissances et les expéditions conduites contre les pirates du Delta, la présence et l'autorité des maires et des tongs les empêchent de commettre tout abus, tout acte de violence inutile.

Lorsqu'un village ne paye pas ses impôts et refuse de se faire représenter au chef-lieu par ses notables, lorsqu'il subit en un mot l'influence des chefs rebelles et des pirates, il faut faire saisir les notables et les faire mettre en prison jusqu'à ce que l'impôt soit payé ou qu'ils aient fourni une caution ou *cam-doan* dont le chiffre serait fixé d'après l'importance de leurs ressources.

Il faut éviter absolument de laisser détruire les maisons et les récoltes des villages qui ont des relations avec les rebelles, de prendre leurs bestiaux, de laisser enlever ou détruire leurs meubles et leurs effets.

Tout acte de destruction pousse les habitants au désespoir, tend à augmenter le nombre de nos ennemis déclarés et, en définitive, ruine le pays.

Dans le service ordinaire, la tenue et les consignes des miliciens doivent concorder avec leur mission de simples agents civils de la force publique. Lorsque la sécurité générale n'est pas menacée, ils doivent circuler sans armes dans la localité où ils casernent. Les factionnaires doivent être sans armes également et faire le salut militaire indistinctement à tout Français fonctionnaire ou officier passant devant eux. Ils doivent le même salut à tout fonctionnaire annamite, depuis le maire du village et le maire du canton jusqu'au gouverneur de la province. Leurs armes sont dans les postes de la police et au râtelier, sous la garde de quelques hommes prêts à s'armer et à se rendre à l'appel des factionnaires.

' Pendant leurs heures de service, la tenue des miliciens doit être aussi soignée que possible et l'uniforme doit être rigoureusement exigé. Il est cependant nécessaire d'user d'une certaine tolérance envers eux sur cette question de la tenue en ayant égard à la faible somme qui est consacrée à l'achat et au renouvellement de leurs effets. En dehors des heures de service, le port de la tenue est facultatif pour les miliciens.

Il nous a été impossible de donner aux miliciens un armement uniforme. Nous n'avons qu'un petit nombre de mousquetons et de fusils à tir rapide. La plupart ont reçu des fusils modèle 1842.

Comme la plupart du temps ils n'ont pas à faire campagne contre des ennemis bien armés, comme leur service consiste surtout à garder des postes, des préfectures et des villages contre les pirates du Delta ou à faire les arrestations des émissaires qui circulent dans le bas pays, l'inconvénient de cet armement irrégulier peut être considérablement atténué dans la pratique.

Les fusils ancien modèle peuvent être consacrés spécialement aux hommes de garde chez les phus et les huyens et dans les postes détachés. Les mousquetons et les fusils à tir rapide seraient donnés aux miliciens allant en expédition. Les Remington que nous avons en petit nombre seraient réservés aux agents européens et aux escortes d'hommes d'élite voyageant dans des jonques ou dans les canots à vapeur des résidents.

Les miliciens sont casernés, suivant les besoins du service, au chef-lieu de la résidence, auprès des phus et des huyens, dans les fortins ou postes d'observation situés sur les routes ou sur les cours d'eau. Lorsqu'ils ne sont pas sous les ordres des phus et des huyens, et lorsqu'ils ne sont pas commandés par un doi, ils sont placés sous les ordres du chef du canton.

Dans tous les cas, un fonctionnaire civil désigné par le Résident est toujours responsable de leurs actes.

Ils sont logés, sauf le cas où ils occupent temporairement un poste d'observation, dans des paillottes groupées avec ordre dans une enceinte clôturée soit par de bonnes palissades, soit par un retranchement en terre auprès de la résidence.

Lorsque l'étendue du terrain le permettra, leurs femmes et leurs enfants seront autorisés par le résident à habiter auprès d'eux.

Pour les crimes et délits, ils sont justiciables des tribunaux civils. Pour les fautes et manquements contre la discipline, ils sont soumis aux pénalités édictées par les soins du résident.

Chaque résident pourra faire établir un tarif des punitions pour les fautes légères s'il le juge utile.

Les trams doivent être incorporés aux milices aussitôt que celles-ci seront organisées. Ils pourront alors exercer une surveillance utile sur les routes et rendre compte en rentrant à leurs points de départ et d'arrivée des faits qu'ils auraient constatés pendant leur trajet. Ils recevront une solde régulière bien méritée pour l'un des services les plus pénibles, les plus utiles et les plus dangereux du Protectorat. Aux points de départ et d'arrivée, des postes palissadés placés sous leur garde pourront contenir une maison d'abri et de repos pour les voyageurs. Quelques miliciens armés et les hommes du village voisin seront chargés de la défense de ces postes de tram qui seront établis comme ceux qui existaient avant la guerre en Annam et en Cochinchine.

Il est incontestable que les 6.000 miliciens que nous allons avoir immédiatement et les 2.500 hommes de tram que nous allons leur adjoindre vont créer pour notre budget une charge considérable, 2.600.000 fr. environ.

Cette dépense, dont les résultats seront si utiles, puisqu'elle nous permet de garder une plus grande partie du Delta par la population elle-même et de rendre disponible une certaine quantité de troupes régulières, a pour but de maintenir la tranquillité du pays et de nous permettre d'as_surer la rentrée des impôts. Elle nous met en relations directes et constantes avec toutes les classes influentes de la population.

Elle nous fait économiser les frais de transport de personnel et de matériel qu'exigeait l'existence de nombreux postes militaires disséminés dans le Tonkin.

Il faut, d'autre part, que cette dépense soit compensée par

toutes les réductions possible sur les dépenses inutiles.

Parmi celles-ci nous trouvons les linhs attribués jusqu'à ce jour aux tong-doc, aux quan-bo, aux quan-an, aux phus et aux huyens et maintenus par l'arrêté du 10 février sous le nom de gardes civils.

Leur nombre, pour tout le Tonkin, devait être de 11.300 et représentait pour le budget annamite une dépense de 1.100.000 francs environ; ils pourront être réduits des quatre cinquièmes, ne seront plus chargés auprès des mandarins que des services de domesticité; la garde, la défense et les escortes étant assurées par les miliciens.

Ainsi un phu, au lieu d'avoir 50 gardes civils, aura 15 miliciens et en outre 10 hommes de corvée dans sa demeure pour le garder, l'escorter et le servir.

Il sera plus en sécurité et mieux servi certainement qu'il ne l'est actuellement. D'un autre côté, nous économiserons 800.000 francs et nous rendrons 8.000 individus à leurs villages. En réalité, la dépense considérable occasionnée par la création des miliciens sera compensée par des économies directes ou indirectes, en outre des services exceptionnels que l'institution est appelée à nous rendre.

Il est bien entendu que ce n'est pas par une mesure immédiate que nous modifierons ainsi le service de garde des phus et des huyens. Un changement trop brusque motiverait leurs défiances et porterait un trouble profond dans leurs habitudes. Nous commencerons à donner une garde aux plus actifs, aux plus dévoués, à ceux qui sont le plus exposés et qui sont à même de tirer parti de la présence de gardiens sérieux pour maintenir l'ordre dans leur voisinage. Lorsqu'une première expérience aura réussi dans quelques préfectures, tous les phus et huyens s'empresseront de demander l'application d'une mesure dont ils auront apprécié l'efficacité.

Je vous demande toute votre attention et toute votre activité pour l'organisation et l'entraînement de nos milices. C'est une garde rurale qui, dans ces pays de cultivateurs, conserve la vie de famille, ne fait qu'un avec les maires, les chefs de canton, les notables et les propriétaires, en un mot avec la nation. Elle doit être le principal point d'appui d'une administration vigilante et réellement populaire.

P. VIAL.

RÉSIDENCE SUPÉRIEURE   PROTECTORAT de L'ANNAM et du TONKIN
du
TONKIN

NOTE

SUR LA COMPTABILITÉ

La plupart des comptables et des administrateurs semblent ignorer le but de la comptabilité. Elle a été créée pour faire connaître instantanément et clairement à celui qui est chargé de la gestion d'une entreprise quelles sont ses dépenses engagées et ses ressources disponibles. Il n'a pas besoin de faire son inventaire et de dresser son bilan pour savoir à très peu près ce qu'il a gagné à un jour déterminé de l'année, si ses prévisions se sont réalisées ou si des événements imprévus ont modifié les pertes ou les bénéfices sur lesquels il devait compter.

Elle lui permet de prévoir sûrement les résultats de l'entreprise qu'il poursuit et d'en assurer la réalisation, malgré les événements les plus défavorables.

Tel financier ou tel grand industriel paraît ne jamais consulter ses écritures et sait pour ainsi dire heure par heure quel est le chiffre de son actif et de son passif, alors que son chef de comptabilité et ses comptables l'ignorent complètement.

Pour lui, c'est la clef de son crédit et il ne la confie à personne.

Chaque chef de comptoir, chaque directeur de grande entreprise modifie les règles de la comptabilité selon ses besoins, selon son caractère et selon les circonstances au milieu desquelles il doit agir. Ce qu'il lui faut, c'est de voir vite ce qu'il fait, ce qu'il a fait et ce qu'il doit faire, c'est qu'il ait les moyens de le faire comprendre à ses associés, à ses chefs ou à ses actionnaires.

Il n'a pas, comme le croient quelques fonctionnaires, à se

préoccuper de justifier de l'honnêteté et de l'exactitude de ses opérations. Cette considération primordiale va de soi et n'est pas en cause. Nous ne saurions nous occuper que de l'étude d'une administration honnête, inscrivant fidèlement toutes ses opérations, n'en dénaturant et n'en omettant aucune.

Ces principes bien établis, voyons quels sont les besoins de notre administration financière au Tonkin. Le pays est très étendu, il a une population nombreuse, dirigée et surveillée par un personnel considérable réparti entre treize provinces dont les chefs-lieux sont éloignés du centre administratif.

Pour que tous les encaissements et tous les paiements soient exécutés sans retard, il est nécessaire que ces opérations soient faites par les ordres et sous la responsabilité des représentants du pouvoir dans chaque province. Cela est d'autant plus nécessaire que nos intermédiaires obligés sont les autorités provinciales indigènes vis-à-vis de la grande masse des contribuables.

Mais comme il faut que la plus grande unité de vues règne dans l'administration, que chaque délégué agisse selon les instructions qui lui sont données afin que l'ordre financier ne soit point troublé, il faut aussi que chaque opération exécutée à l'intérieur soit signalée régulièrement à Hanoï pour y être enregistrée et classée selon les répartitions prévues au budget.

Si la classification et l'ordonnancement des dépenses étaient délégués complétement aux résidents, chacun d'eux devrait être assisté d'un personnel de comptabilité capable d'établir toutes ses pièces de comptabilité, de répartir les recettes et les dépenses. Non seulement il s'en suivrait une augmentation ruineuse de personnel, mais encore il en résulterait des difficultés et un désordre inextricables. Chaque ordonnateur ou plutôt chacun des treize chefs de comptabilité serait amené à agir selon ses propres inspirations pour les imputations des recettes et dépenses, pour les commentaires à apporter aux règles financières du Protectorat. Ils seraient en désaccord entre eux et avec le service central et en fin d'année l'ensemble de nos comptes ne saurait être établi.

Les résidents ont d'ailleurs des occupations politiques et

judiciaires trop graves pour pouvoir eux-mêmes suivre avec l'attention voulue de tous les instants une comptabilité complète. Il est préférable, tout en leur laissant une grande initiative comme action, de les mettre à même de fournir tous les éléments de nos comptes financiers au moyen d'un seul secrétaire.

Voici le système très simple que je proposerais. Il a déjà été appliqué dans quelques-unes de ses parties essentielles.

Chaque résidence ne tiendrait qu'un registre journal où seraient transcrites toutes ses opérations, recettes et dépenses par ordre de dates et de numéros. Les recettes seraient portées sur l'un des feuillets, celui de gauche par exemple, les dépenses sur celui de droite. Les unes et les autres seraient totalisées et les deux totaux seraient comparés chaque soir.

Chaque recette et chaque dépense serait l'objet d'un ordre de recette ou d'un ordre de dépense numéroté, daté et enregistré sur le journal dont nous venons de parler.

Ces ordres de recettes et de dépenses appuyés des pièces justificatives seraient remis au caissier à titre de décharge et inscrits sur son livre de caisse.

Toutes les semaines, un bordereau des opérations effectuées exactement semblable au journal, ayant les recettes inscrites à gauche, les dépenses en face à droite, serait adressé au Résident supérieur.

La comparaison des recettes et dépenses totalisées sur la première page ferait ressortir la situation de la caisse de chaque résidence, la somme qu'elle pourrait reverser à la caisse centrale ou celle qu'elle aurait à recevoir pour faire face aux dépenses prévues. Ces opérations seraient exécutées sur ordre du Résident supérieur. Le dépouillement et le classement des dépenses exécutées dans tout le Tonkin seraient opérés par les soins du chef de la comptabilité centrale.

Pour la vérification des caisses et de la comptabilité dans les résidences, un fonctionnaire irait les contrôler sur place en comparant les bordereaux adressés à la Résidence supérieure avec les pièces justificatives placées entre les mains du caissier, en même temps qu'il vérifierait les existants en caisse, le registre de caisse et le livre journal du résident.

Il reste bien entendu que le Résident supérieur pourrait

ordonner l'envoi, contre reçu, des pièces justificatives de caisse d'une semaine ou d'un mois.

Il est bien entendu également que les résidents pourront payer aux dates réglementaires les soldes et accessoires de solde réguliers. Ils payeront également les autres dépenses dûment autorisées. Mais ils ne pourront engager aucune dépense ni faire aucune commande sans autorisation formelle par écrit du Résident supérieur, autorisation à joindre aux pièces justificatives.

Ainsi, avec une organisation semblable, nous obtiendrions une simplicité absolue de méthode et une grande économie de travail ; un secrétaire ordinaire pourra établir les comptes de chaque résidence. Nous aurions en outre la régularité des imputations, l'unité de direction, la rapidité d'exécution, la facilité de contrôler efficacement toutes les opérations soit à l'administration centrale, soit dans chaque résidence.

P. VIAL.

Cette circulaire, qui n'a pas été datée, avait été imprimée en septembre. Elle a été communiquée officieusement à plusieurs résidents. Elle devait entrer en vigueur en 1887. Les livrets de chèques commandés en France en septembre sont déposés à la Résidence supérieure.

Hanoï, le 8 mars 1887.

A Monsieur de Lanessan, député
de la Seine, — Saïgon.

Bien cher Monsieur,

Il m'a été bien agréable de recevoir votre aimable lettre au milieu de notre coup de feu et de mes inquiétudes du moment. Je craignais que vous ne vinssiez pas jusqu'ici et que ce pays, qui en vaut la peine, qui a toutes les ressources de la Cochinchine décuplées, ne fût ignoré d'un défenseur éclairé, prévoyant et désintéressé comme vous le serez après examen.

Jusqu'ici, le Tonkin a été mal pris par des gens qui ne le connaissaient pas ou qui n'avaient pas d'idées nettes sur ce que doit être une grande colonie. On a fait toutes les écoles et le Tonkin, comme tous les corps bien constitués, a résisté aux médications les plus empiriques. On lui a fait avaler des breuvages qui auraient tué raide toutes nos autres possessions, la Cochinchine elle-même, et il vit encore, l'Annam aussi.

Le régime militaire nous conduisait droit aux Vêpres siciliennes ; le régime civil, tel qu'il a été essayé, était un progrès mais, faute de personnel capable et convaincu, allait droit à des complications invraisemblables, quand une grande catastrophe m'a remis sur les bras une tâche pénible, douloureuse, qui heureusement pour moi est terminée.

Que va faire le successeur ? Il paraît défiant à mon égard ; s'il a besoin de mon concours, je resterai ; s'il ne veut pas de moi, je le laisserai en faisant des vœux pour son succès. — Voyons la situation maintenant :

Les mandarins, en somme peu nombreux, démoralisés et démonétisés par leurs échecs, convaincus de malversations sans nombre, sont nos ennemis. Ils sont très fins, sans scrupules et néanmoins nous aideront, non sans regret, tant que nous sauvegarderons les apparences, tant que nous les traiterons avec politesse. Nous pouvons à volonté les jeter à l'eau, ou les garder comme auxiliaires de notre action administrative. Plus nous irons, plus ils seront éteints et transformés..................................Je ne parle pas du roi qui est jeune, aimable et disposé à déclarer que la République française est sa grand'mère (1).

Reste la grande masse de la population, les producteurs et les consommateurs qui sont organisés, économes, laborieux, habitués à obéir, à élever leurs familles, à soigner et respecter leurs grands parents. Ils ont des vertus domestiques et familiales égales, sinon supérieures aux nôtres. Donnons-leur le respect de leurs familles et de leurs biens, et ils nous aimeront. Ceux qui se font pirates, de désespoir, lorsque leurs maisons sont brûlées, leurs récoltes détruites, soit par nous, soit par les lettrés, soit par les Chinois, obéissent à un sentiment de vengeance qui est bien humain et qu'il nous serait facile de tourner contre nos adversaires, si nous étions toujours conséquents et généreux, si nous ne changions jamais d'idée, si, à un moment donné, on ne voulait faire des exemples. Alors on dévaste un ou deux villages, les gens qui nous attendent sont ceux qui ont été pacifiques, les autres sont loin, et ce sont nos amis qui reçoivent les bourrades.

Quant à isoler l'Annam du Tonkin ou le Tonkin de l'Annam pour centraliser nos forces, il n'y faut pas penser. Les mandarins de Hanoï ont tous leurs familles à Hué; ceux de Hué ont leurs familles et leurs enfants à Hanoï et ailleurs; ils en ont semé partout, tout ce monde-là se tient étroitement. Il nous faut avaler le morceau tout entier et nous ne sommes pas à plaindre si nous nous y prenons bien.

Pour réussir dans cette grosse entreprise en travers de laquelle nous ne rencontrons que des Français toujours sceptiques, railleurs et gens d'opposition, il faut des hommes ayant le sens commun, chose rare, et un peu de connaissance de la civilisation annamite, de ce peuple crasseux, spirituel et relativement raffiné. Il faut lui donner le nécessaire, l'amuser beaucoup par des fêtes, par des innovations, respecter sa famille, base de toute organisation sérieuse,

---

(1) La veuve de Thiêu-Tri, grand'mère du Roi actuel, jouit d'une très grande autorité sur la cour de Hué, sur le souverain lui-même.

de toute production et de toute richesse, et ne pas lui donner le temps de respirer. Les chemins de fer, les expositions, les courses de chevaux, les régates, les tournées des Résidents, les réunions, les revues, les boniments de toutes natures doivent se succéder sans interruption. Son temps doit être pris par la culture de ses rizières et par les fêtes que lui donne le pouvoir. Plus d'un Annamite a refusé d'aller se joindre à une bande en Basse-Cochinchine parce qu'il voulait assister à une course ou à une revue, à une partie d'échecs ou à une exposition. Ici, ils y viendront sur la tête et ils paieront leurs impôts avec bonheur. Ils aiment les plaisirs qui ne leur coûtent rien, sans se douter que ce sont eux qui les paient.

Sous ces allures un peu futiles, une administration sérieuse et logique, point paperassière comme la nôtre, doit s'organiser sagement, ne pas perdre son temps, surveiller les recettes, les dépenses, constater et saisir la matière imposable par des taxes nouvelles sagement pondérées.

J'ai essayé de faire accepter ces principes par mon chef et n'y ai réussi qu'à moitié. Il n'avait pas la foi absolue que donne une longue expérience sur la matière. Pour réussir dans ces choses, il faut voir le but et, après avoir mesuré les obstacles, courir droit au succès sans hésiter devant une déception secondaire. Au Tonkin et en Annam, bien des détails ont été élevés à la hauteur de difficultés insurmontables.

Les Chinois d'abord ont causé des inquiétudes. Eh bien ! ils ne veulent pas la guerre et ne la feraient que si nous les y forcions. Les Tonkinois tout seuls les ont mis dehors de leurs provinces ; les peuplades des frontières sont restées à peu près indépendantes dans leurs montagnes ; il nous suffit de les laisser vivre, de les gagner par de l'équité et de la douceur, de la confiance envers eux pour posséder des auxiliaires qui seraient invincibles par les Chinois, si nous les soutenions. Les bandes Chinoises elles-mêmes sont souvent formées de *oul laos* qui cherchent de la terre où ils puissent vivre en paix et auxquels on peut donner des cantons abandonnés à défricher.

Pour la plupart des habitants de ce pays, le patriotisme consiste à défendre celui qui les nourrit et les commande. C'est notre rôle naturel et il est facile à remplir. C'est parce que souvent nous les avons rendus responsables des fautes qu'ils n'avaient pas commises, que la plupart ont encore peur de nous.

Quant à la situation actuelle, la voilà telle que je la vois. Sur la frontière de Chine, les Chinois ont des forces menaçantes et nous un corps d'observation qui les tient en échec. La Chine ne veut pas nous attaquer, mais on lui a dit que nous pouvions avoir la guerre en Europe et qu'il fallait profiter de cette occasion, si elle se présentait, pour reculer sa frontière. Elle est prête à tout, même à se tenir tranquille et à nous faire quelques avances quand elle se verra bien seule en face de la France.

A l'intérieur, la saison sèche est à sa fin, le riz est à peu près fini; on a faim dans les villages qui ont souffert de l'insurrection, et on pille pour vivre, par vengeance, rancune ou jalousie envers des voisins plus riches.

Quelques chefs rebelles irréconciliables profitent de ces dispositions et de la circonstance pour continuer à nous faire la guerre et à exercer une autorité et des commandements que la paix leur ferait perdre et qui leur donnent des jouissances d'amour-propre auxquelles les Asiatiques sont très sensibles.

Les gens rassis, les propriétaires, les notables aimeraient bien la tranquillité, la paix absolue. Ils sont les plus influents, les plus puissants par leurs richesses, ils sont prêts à entraîner les populations si nous leur donnons les moyens de jouir en paix de leur aisance.

Je ne vous parle pas des chrétiens qui ont beaucoup souffert pour nous, mais qui sont trop peu nombreux pour nous appuyer efficacement autrement que par des renseignements et dans quelques cas exceptionnels.

On les a beaucoup calomniés, on s'est même défié de leur fidélité; ils n'ont jamais été que très malheureux, très compromis et sont très aigris contre ceux qui les avaient pillés. Quand ce ne serait que par amour-propre, nous devons les aider à reconstituer leurs villages, sans leur permettre de représailles envers leurs ennemis. Les évêques et les missionnaires acceptent complétement ces principes.

Maintenant quelles sont les vraies ressources du pays, quel est son budget normal? Il y a ici une population de dix millions d'âmes qui produisent et consomment autant que certaines populations de l'Inde, de la Birmanie ou de la Cochinchine. Il y a vingt ans et même lorsque Garnier y est venu, il existait peu de numéraire dans le pays et ils n'auraient pas pu payer un impôt en argent de 5 à 10 fr. par tête. La représentation de la valeur n'existait pas, tout se payait en corvées ou en nature.

Depuis nos dernières expéditions, si coûteuses, hélas ! il est resté dans les campagnes plus de cinquante millions en piastres converties en lingots ou enterrées qui sont prêtes à sortir aussitôt que la sécurité sera arrivée, qu'on pourra acheter librement, sans crainte des voleurs, des terres, du bétail, des maisons, des vêtements de luxe, etc. C'est une circulation à rétablir et aussitôt qu'elle sera établie, ce seront des taxes à créer.

Pour établir cette circulation, il faut, nous-mêmes faire faire des travaux dans le pays, faire des maisons, des casernes, des hôpitaux, des rues, des quais, des ports, des marchés, etc., acheter et vendre continuellement comme nous le faisions à Saïgon.

Il faut que ces cinquante millions de numéraire entrent dans nos caisses et ressortent immédiatement et continuellement et en appellent d'autres qui viendront du dehors. C'est la danse des écus. C'est la circulation du sang à produire et à activer dans ce corps endolori et apauvri jusqu'à l'inertie par tant de misères et d'épreuves.

L'argent est là tout prêt, la population est disposée à le faire rouler ; il faut donner sans hésiter la première impulsion, sous peine de prolonger une stagnation qui deviendrait mortelle. Un avocat ou un bureaucrate ordinaire traiterait mes idées de visions chimériques, mais je sais que vous avez étudié la question profondément et que je puis vous les exposer avec confiance. Pour les appliquer, il faut être comme vous ou moi, hardi et clairvoyant sur ce sujet spécial.

Nos ressources actuelles sont simples et peu considérables, rien n'a été créé d'important encore. Aux trente millions que nous donne la Métropole viénnent s'ajouter l'impôt ancien, les douanes et quelques ressources indirectes qui donneront en tout 15 millions. Total, 45 : de quoi joindre les deux bouts. Pour avoir de suite un gros supplément de recettes sans causer de perturbation dans les esprits, il faudrait créer la régie de l'opium, aucun soumissionnaire n'ayant voulu prendre la ferme, ce qui assurerait une ressource de plus de 4 millions ; faire vendre les terres cultivées non enregistrées, il y en a pour plusieurs millions chaque année, assure-t-on ; faire racheter les corvées pour une partie des provinces, on peut obtenir ainsi encore une somme de 4 à 5 millions, et arriver à une recette supplémentaire de 15 millions. Avec ce total de 30 millions que l'on dépenserait intégralement, on attendrait une augmentation de 50 % sur l'ensemble de nos recettes qui se produirait infailliblement en deux ans.

Avec ces 45 millions en main, on aurait l'adhésion unanime de vos collègues à la conservation du Protectorat, et le roi d'Annam serait plus riche, plus brillant que ne le fut jamais Gialong.

Pour pratiquer sagement et résolument ce programme, on aurait besoin d'un corps d'élite de Résidents recrutés en nombre suffisant avec les fonctionnaires actuels, parmi ceux de la Basse-Cochinchine et parmi les officiers et assimilés du corps expéditionnaire. C'est ainsi que longtemps les Anglais ont recruté leurs *civilians* aux Indes, c'est ainsi que nous avons procédé en Cochinchine. Après deux ou trois ans, les officiers, s'ils ne sont pas contents ou si on n'est pas content d'eux, peuvent rentrer à leurs corps. Ainsi on n'aurait pas une administration nouvelle uniformément composée de bureaucrates dépaysés.

Il faudrait avoir au moins soixante Résidents ou Vice-Résidents pour le Tonkin et une quarantaine pour l'Annam. On ne donne jamais un régiment à commander à un capitaine, à un colonel ou même à un général tout seul. Il est tout aussi insensé de donner à surveiller toute l'administration d'une province de un ou deux millions d'âmes à un fonctionnaire, sous prétexte d'économie, en lui demandant toutes les écritures, toutes les formalités et toutes les enquêtes que l'on réclame en Europe d'un sous-préfet, d'un tribunal et d'une foule d'autres agents dans un arrondissement de 25 à 100.000 habitants, qui tous parlent sa langue, partagent ses idées et ses passions patriotiques.

Je ne vous parle ni des écoles, ni des marchés, ni des mines, ni des forêts, ni de la navigation, ni des ports. Il y aurait trop à en dire et je crains que l'on n'ait peur de régler trop vite ces questions qui ne devraient plus être discutées aujourd'hui, tant on en a parlé. Elles sont devenues un simple sujet de controverse.

J'ai été bien mauvaise langue, excusez-moi en raison de ma franchise et de ma grande et affectueuse estime pour vous.

Et en attendant que j'aie la joie de vous voir,
Veuillez agréer
la nouvelle assurance de mes sentiments les plus dévoués.

Signé : P. VIAL.

Lettre à M. Harmand, consul général à Cacultta, ancien commissaire général au Tonkin et en Annam :

Voiron, 0 juillet 1887.

Monsieur,

Je ne saurais trop vous remercier de l'envoi de votre conférence sur le Tonkin et des paroles vraiment trop flatteuses qui me concernent.

C'est un devoir pour moi de vous féliciter d'avoir courageusement rappelé nos glorieuses traditions coloniales et d'avoir fait un éloge mérité des principes généreux inaugurés par M. de la Grandière en Cochinchine.

Son œuvre a été dénaturée depuis. Mais les débris qui nous restent encore sont assez grandioses pour attester la vitalité d'une colonie qui ne demandait qu'à s'étendre et à grandir pacifiquement.

Un seul point m'inquiète dans votre exposé tracé d'une main vigoureuse et expérimentée. Vous proposez la création immédiate de l'unité indo-chinoise! Certes, nous avons en Indo-Chine les éléments d'un florissant empire asiatique capable, en peu d'années, de se suffire à lui-même et de se défendre contre les entreprises des ennemis de la France.

Mais quel sera l'ouvrier capable de manier cet instrument puissant et délicat!

L'expérience nous démontre que depuis M. de la Grandière, bien peu d'hommes ont su administrer la Cochinchine et le Cambodge réunis, et que, depuis vous jusqu'à moi, en quatre ans au plus, une douzaine de commissaires généraux, commandants en chef ou résidents généraux titulaires ou intérimaires se sont succédé infructueusement, au Tonkin et en Annam, succombant tour à tour, soit sous le poids de leur inexpérience des choses, soit sous les attaques incessantes de ceux qui auraient dû les aider. Vous et moi, nous sommes, je crois, dans cette dernière catégorie. Car pour administrer sagement une contrée comme l'Indo-Chine, il faut être un homme spécial connaissant le pays et ses habitants, ou bien il faut avoir cette science intuitive du gouvernement qui permet à un chef d'accorder sa confiance à des hommes spéciaux.

L'administrateur qui ne remplirait pas l'une de ces conditions ne peut que préparer une situation désastreuse, d'autant plus grave que son gouvernement serait plus étendu.

En ce moment, je ne connais en France que trois hommes qui aient les qualités diverses que je croirais indispensables pour organiser l'unité indo-chinoise : ....
.... Aucun des trois, en sacrifiant son temps et ses études aux intérêts de la France en Extrême-Orient, n'a jamais été dominé par le désir d'obtenir des avantages personnels.

Nous avons rêvé la possession pacifique par la France d'un grand état annamite aux portes de la Chine, parce que nous comprenions quels avantages notre pays pouvait retirer de cette possession. Mais nous devons être prudents et redouter pour ces contrées si vastes, si peuplées et si riches, les entraînements dangereux de l'opinion chez nos compatriotes. Si au lieu de l'organisation simple et logique des premières années de la Cochinchine que vous venez de recommander dans votre conférence, on en arrivait à vouloir imposer à la race annamite une imitation de notre organisme départemental déjà si défectueux dans la Métropole, nous mécontenterions certainement les populations, et tous nos efforts, le sang de nos braves soldats et l'or de nos contribuables auraient été dépensés en pure perte.

Croyez-moi, si une grande personnalité n'est point chargée d'administrer l'unité indo-chinoise, il vaut mieux laisser pour le moment nos possessions d'Extrême-Orient divisées comme elles le sont.

La Cochinchine et le Cambodge, si on oublie certaines innovations dont les conséquences ont été malheureuses, sont arrivés à un état de prospérité indiscutable.

Le Tonkin et l'Annam venaient d'entrer dans une voie d'apaisement devant la perspective d'une organisation paternelle semblable à celle de la Cochinchine.

Ce n'est pas sans terreur que je verrais compromettre, dans une expérience nouvelle pleine de hasards, des résultats acquis en Chochinchine et préparés sagement au Tonkin et en Annam.

Il faut que la tâche de chacun soit proportionnée à ses forces. A moindres hommes, moindre besogne. A nos administrateurs ordinaires, il faut de petites administrations, une voie étroite, beaucoup de règlements et peu d'administrés.

Telle est la règle sous laquelle s'étiole actuellement notre grande administration française, qui en est venue à faire lentement des choses minuscules.

Agréez, etc.

P. VIAL.

Les personnes qui s'occupent de l'Indo-Chine nous sauront gré de rappeler avec quelle sollicitude un des Français les meilleurs et les plus prévoyants de notre époque a recommandé l'occupation de ce beau pays.

Extraits de la *Vie du Cardinal de Bonnechose, archevêque de Rouen*, par Monseigneur Besson, évêque de Nimes. Vol. 1er.

Page 374 :

Au dehors, il faut soutenir nos missionnaires, favoriser les progrès de l'Evangile, se prévaloir des anciens traités avec les royaumes d'Annam, du Tonkin, de la Cochinchine, s'établir solidement dans les ports et sur les côtes, enfin, entendre sur ce sujet le supérieur du Séminaire des Missions étrangères qui donnera tous les éclaircissements désirables. Cette expédition, très facile alors, à cause des embarras que les Anglais ont dans l'Inde, aurait les résultats les plus heureux pour la religion et pour l'empire colonial de la France. — 1857.

Page 405 :

J'exposai à l'empereur deux systèmes proposés par les missionnaires pour assurer notre influence en Chine et pour mettre cet empire en mesure de résister aux entreprises des Russes et des Anglais. De la Chine, nous vînmes en Syrie... — 22 juillet 1860.

Page 408 :

J'appelai son attention et sa sollicitude sur la Cochinchine. Je lui représentai les vices de l'expédition incomplète que nous avons faite dernièrement... — 28 décembre 1860.

Ces notes seraient incomplètes si je ne signalais la solution qui me semble la plus pratique pour réaliser l'unité indochinoise, dont il a été parlé récemment.

Un Ministre éminent, dont la compétence était indiscutable, avait proposé d'autoriser le Résident général en Annam et au Tonkin à requérir le concours du Gouverneur de la Cochinchine, toutes les fois qu'il en aurait besoin.

Ce droit de réquisition qui n'aurait porté aucune atteinte aux pouvoirs administratifs du Gouverneur de Saïgon, aurait cependant permis au Résident Général d'utiliser au Tonkin et en Annam toutes les forces françaises disponibles dans certaines circonstances critiques.

Chacune de nos possessions aurait conservé son autonomie propre et aurait continué à se développer librement sans être liée trop étroitement aux progrès des autres établissements français.

Voiron. — Imp. Baratier et Mollaret.

9 782013 660365